EAUX THERMALES

ET

BAINS DE MER

DU

ROUCAS-BLANC

PLAGE DU PRADO. — MARSEILLE

DÉSIRÉ MICHEL FILS & Cie

Boulevard de la Magdeleine, 34

MARSEILLE

IMPRIMERIE DU JOURNAL DE MARSEILLE
(Ex-J. Barile)

Rue Sainte, 6

—

1875

VUE DE L'ÉTABLISSEMENT THERMAL ET BAINS DE MER DU ROUCAS BLANC

(Plage du Prado, Marseille) Surface 4 Hectares.

EAUX THERMALES

ET

BAINS DE MER

DU

ROUCAS-BLANC

PLAGE DU PRADO. — MARSEILLE

DÉSIRÉ MICHEL FILS & Cie
Boulevard de la Magdeleine, 34

MARSEILLE

IMPRIMERIE DU JOURNAL DE MARSEILLE
(Ex-J. Barile)
Rue Sainte, 6

—

1875

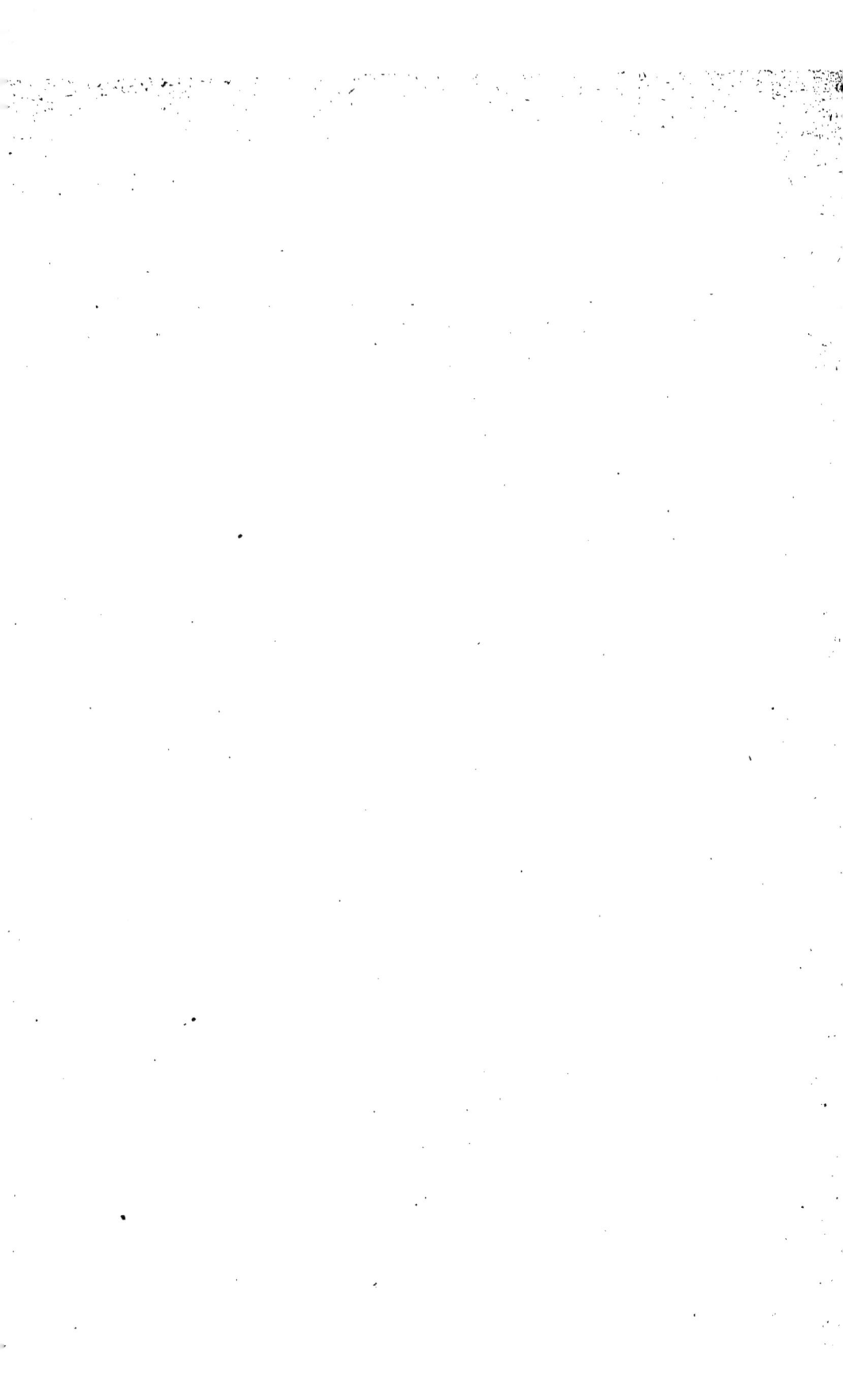

EAUX DU ROUCAS-BLANC

Chlorurées-Sodiques & Magnésiennes, Fortes Mezzo-Thermales Bains de Mer

---

CHAPITRE Iᵉʳ

SOMMAIRE. — Chemin qui conduit à la Source et à l'Établissement. — Le Prado. — Le Château-des-Fleurs. — Le Château-Borély. — Le Champ des Courses. — Le Golfe. — La Source. — Moyens de transport. — Le Restaurant annexe du Grand Hôtel de Marseille et du Grand Hôtel des Colonies.

A la partie méridionale de la ville de Marseille, s'étend, à travers une plaine immense, une des plus belles promenades du Monde. Cette avenue, que l'on peut, avec juste raison, nommer les Champs-Élysées de Marseille, est couverte d'une triple rangée de platanes sur un espace de quatre kilomètres, offrant aux promeneurs un ombrage constant en été, un soleil vivifiant en hiver. Au rond-point, occupé par un vaste bassin du milieu duquel jaillit une magnifique gerbe d'eau, se trouve le Château-des-Fleurs dans lequel est installé un Hippodrome d'une assez vaste étendue, et un Tir qui ne laisse rien à envier aux institutions du même genre que possèdent les autres villes.

Du rond-point, à la mer où elle aboutit, la promenade est bordée, à droite et à gauche, de villas charmantes, de jardins délicieux et de petits châteaux qui ne manquent pas d'un certain cachet. Les courses de chevaux, que la Société du Jockey-Club de Marseille trouve moyen de rendre chaque année plus brillantes, ont lieu dans les vastes prairies du magnifique Château-Borély qui bordent la mer ; les estrades destinées aux spectateurs offrent l'aspect de charmants chalets, aussi agréables à l'œil du curieux que confortables pour ceux qui les occupent à l'époque des courses.

Arrivé sur la plage, le voyageur jouit d'un ravissant panorama. A gauche, une fort belle route borde la mer et conduit au Château-Borély, transformé en Musée des Antiques et en Musée Egyptien ; en face, un golfe qui fait rêver ; la mer sans bornes, incessamment traversée par les navires à vapeur et à voiles de toutes les nations, et constamment sillonnée par une multitude de bâteaux de pêche et de plaisance, aux formes les plus coquettes et les plus variées, tendus de voiles de différentes couleurs ; à droite, une promenade semblable à celle du Pausilippe de Naples, avec des châteaux et des villas. Vu de ce point, le golfe de Marseille offre beaucoup de ressemblance avec celui de Baïa, et il est beaucoup plus animé. Les îles de Tiboulen et de Maïré rappellent assez bien la vaporeuse Capri, l'île des Syrènes ; le phare de Planier semblable à un vaisseau à l'ancre, détache sur l'horizon lointain sa sombre silhouette ; les îles de Pomègue et de Ratonneau avec le Château-d'If font penser aux îles de Procida et d'Ischia avec leurs prisons d'Etat. Rien ne rappelle plus les arides sommets de la Somma et du Vésuve, que ces montagnes pelées de Marsio-à-Veyre, sur lesquelles le soleil darde ses rayons brûlants, qui prennent vers le soir des teintes rosées et irisées, constant sujet d'admiration pour tous les voyageurs qui ont pu jouir du spectacle d'un coucher de soleil, sur cette plage splendide, par un beau soir d'automne ou de printemps.

Cette mer azurée, ce ciel bleu et transparent, cette nature qui offre les contrastes les plus remarquables de la végétation la plus luxuriante à côté des rochers les plus abruptes, les plus décharnés, les plus arides, portent à la rêverie les esprits les moins poétiques. Le malade respire à pleins poumons cet air vivifiant et pur, et celui qui jouit d'une bonne santé, ne se lasse pas d'admirer un spectacle ravissant dont la monotonie semble à jamais exclue. Aussi une foule considérable et de nombreux équipages se pressent, nuit et jour pendant l'été, sur ces bords délicieux.

Là, au pied de la route de la Corniche, au point le plus abrité de cette plage, une source minérale et thermale, puisqu'elle marque constamment 22° centigrades, a été découverte ; et pour que rien ne manquât à cette Naïade qui est venue naître en ces lieux si poétiques, elle fut baptisée dès qu'elle fut connue, du nom de Source du Roucas-Blanc (Source de la Roche Blanche), à cause de la couleur blanchâtre de la montagne d'où elle jaillit.

Des omnibus partant du Marché aux Fleurs du Cours Saint-Louis desservent l'Établissement d'une manière très-exacte et à des prix très-modérés.

Des bateaux à vapeur de plaisance partant du Quai des Augustins transportent les baigneurs à l'Établissement, et la récente concession des tramways permettra aux voyageurs de se transporter aux Bains, soit par le ravissant chemin de la Corniche, soit par la verdoyante promenade du Prado.

Un restaurant des plus confortables est installé dans l'enceinte même de l'Établissement des Bains. De la terrasse contiguë à la grande salle à manger se déroule dans toute sa splendeur, le panorama du golfe et des îles que nous avons décrit plus haut.

Ce restaurant, le rendez-vous de la meilleure société et le point de ralliement des gourmands, est tenu par les habiles Directeurs du Grand Hôtel de Marseille et du Grand Hôtel des Colonies, dont la renommée est européenne.

Les étrangers qui viennent demander à la beauté de notre climat et à l'efficacité de nos eaux le repos et le rétablissement de leur santé, n'ont qu'à descendre à l'un de ces deux hôtels, la Compagnie ayant pris avec eux des arrangements qui offrent aux personnes qui fréquentent les Bains les conditions les plus avantageuses pendant la durée de leur séjour à Marseille.

CHAPITRE II

Le rapport si lucide et si remarquable de MM.
les Docteurs d'Astros, Girard, Roberty et Rousset,
fait mention de la manière dont cette source, qui fil-
trait d'abord mélancoliquement par les fissures du
rocher à travers le sable de la plage, fut captée et
utilisée, et nous apprend l'analogie qui existe entre
ces eaux et celles de Frederichstad, de Hombourg, de
Balaruc, de Bourbonne, de Niederbrown, en démon-
trant la supériorité de l'eau du Roucas-Blanc. Ce
même rapport, en nous apprenant que cette eau prise
en boisson est préférable aux eaux de Sedlitz et de
Pülna, se rencontre avec la lettre qu'écrivait à M. le
Maire de Marseille, M. le docteur Rambaud, médecin
de l'Administration des Douanes et des Dispensaires,
qui avait commencé à l'expérimenter. En lotions,
elle est d'une grande utilité pour combattre les affections dartreuses du cuir chevelu, dartres, pityriasis,
teignes, etc. (*Docteur Rambaud.*)

Administrée sous forme de bains, elle est un re-

mède puissant et énergique pour combattre les maladies scrofuleuses et dartreuses; celles qui affectent les
organes de la génération chez les femmes ; les désordres nerveux qui sont la suite de l'ébranlement que
subissent certaines constitutions à divers âges; les
maladies spasmodiques des jeunes gens à l'époque de
la puberté ; les maladies cutanées qui ont pour origine le vice scrofuleux, etc., etc. *(Docteurs Cauvière et
Reymonet.)*

Toniques, excitantes, reconstituantes, ces eaux
agissent sur l'hématose et le système lymphatique
avec bien plus d'efficacité que les eaux de Kreusnach
et de Nauheim, pourtant si renommées. Résolutives,
elles ont sur le système glandulaire une action bien
autrement énergique et spécifique que les eaux de
Salins dans le Jura, et elles sont supérieures à celles
de Salins en Savoie, dans les diverses affections des
muqueuses.

Voilà ce qu'ont constaté des médecins consciencieux
et savants, à une époque où cette eau était administrée de la manière la plus élémentaire, où les malades
pour se baigner, se contentaient de se tremper dans
le lit du torrent formé par son écoulement, ou bien la
transportaient chez eux où elle arrivait complètement
refroidie, et où il fallait par conséquent la réchauffer
soit par l'adjonction d'une certaine quantité d'eau
chaude qui amoindrissait son efficacité, soit au moyen
de cylindres au charbon dont l'effet devait produire
une déperdition ou une altération de quelques-unes
des substances médicamenteuses qu'elle contient.

L'établissement actuel est muni de tous les appareils les plus récents et les mieux adaptés pour conserver à l'eau toutes ses vertus thérapeutiques et ses qualités médicamenteuses; c'est un établissement hydrothérapique complet; ces appareils sortent des ateliers de M. Dalmas. Des hydrofères permettent de donner les bains médicamenteux les plus compliqués, et une salle d'inhalation, installée avec les pulvérisateurs les plus récents, assure le traitement des affections des voies respiratoires.

Les salles et chambres pour l'usage thérapeutique de l'eau thermo-minérale, ont été distribuées d'après les plans et les idées de M. le docteur Eugène Fabre, fondateur des premiers établissements hydrothérapiques de Florence, Livourne, Naples, Rome, etc., etc. Cet habile praticien s'est acquis dans cette spécialité médicale une telle réputation, qu'il a été l'objet de la part des Gouvernements de France et d'Italie des plus flatteuses récompenses, et qu'il a reçu des principales Sociétés et Académies Scientifiques et Médicales de ces deux pays l'accueil le plus empressé et les diplômes les plus honorables.

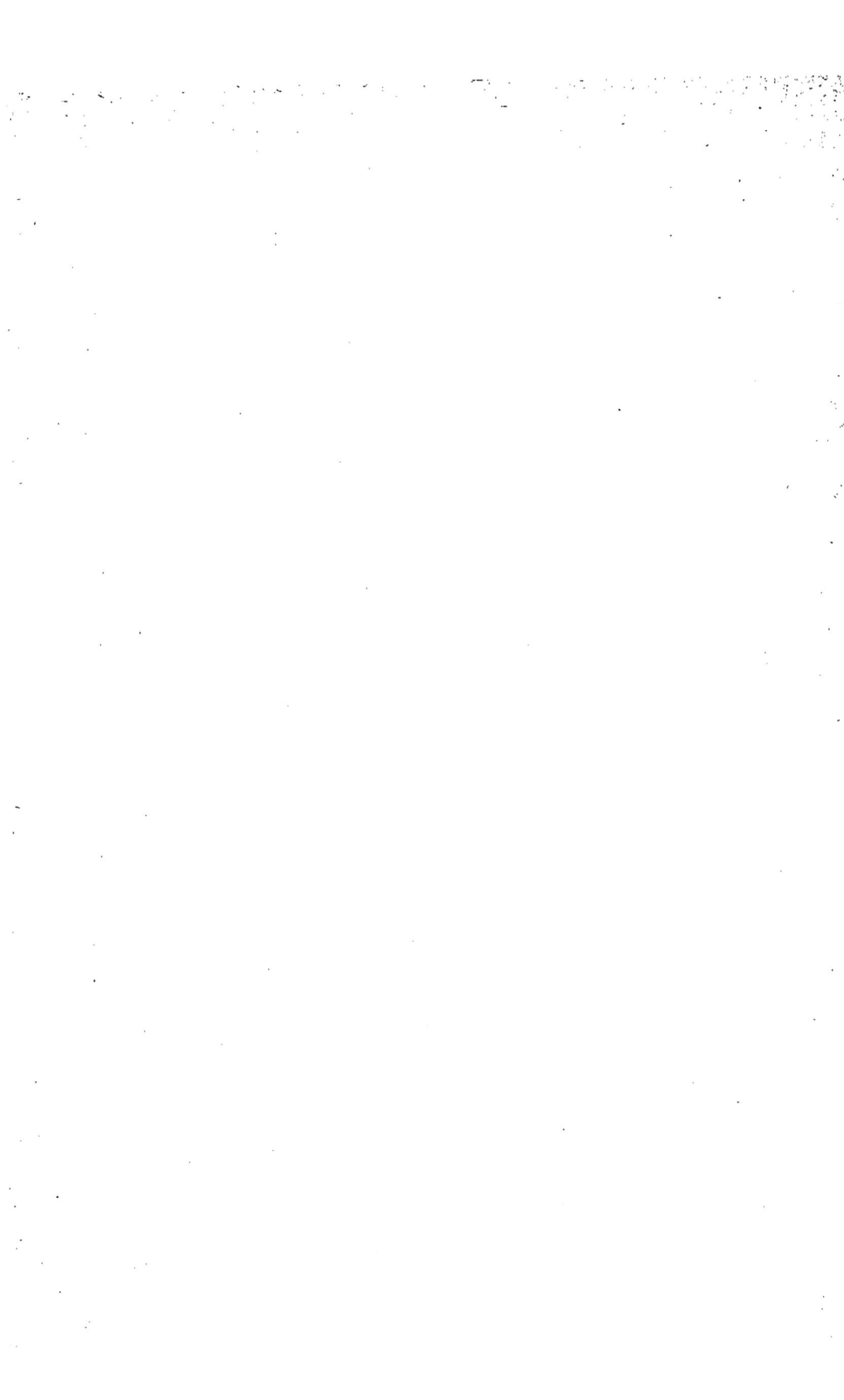

CHAPITRE III

Voilà donc Marseille dotée d'un établissement thermo-minéral et classée parmi les villes d'eaux ; or, si
peu que l'on soit disposé à considérer sous ce nouvel
aspect notre moderne Tyr, il faudra bien que le monde
des malades et le public médical en prenne son parti
et la recommande.

Peu de villes sont aussi heureusement douées que
Marseille sous le point de vue du climat, des distrac-
tions, des promenades et des plaisirs, qui sont l'auxiliaire obligé de toutes les stations thermales ; peu de
stations d'eaux présentent, à cause de la multitude
de gens de tous les pays que son immense commerce
y attire, une pléïade de médecins aussi distingués,
aussi capables de soigner les maladies des climats les
plus divers ; aucune n'offre un confortable qui puisse
être comparé à celui de Marseille, dans ces parages,
par rapport au voyageur et à l'étranger.

Comme annexe de l'établissement thermo-minéral,
deux immenses bassins conquis sur la mer et bordés
d'un nombre considérable de cabines, très convenable-

ment aménagées pour l'usage des bains de mer, s'avancent dans le golfe et sont préservés des coups violents de la haute mer, par de magnifiques jetées qui remplissent le double but de garantir les baigneurs de la houle, et de séparer d'une manière absolue le bassin des Messieurs de celui des Dames. Cette disposition permet l'accès de cet établissement aux familles les plus honnêtes, aux religieux, aux religieuses, aux pensionnats, aux communautés, à toutes les personnes enfin qui ne sont pas bien aises d'un mélange des sexes que l'on rencontre dans le plus grand nombre des établissements de ce genre.

L'efficacité des bains de mer dans les affections lymphatiques et scrofuleuses, les anémies, etc., est reconnue et a été constatée dès la plus haute antiquité; seulement chacun regrettait que la saison en fut de si courte durée qu'elle permet très rarement d'achever une guérison.

Dans l'établissement du Roucas-Blanc le traitement peut être prolongé aussi longtemps que le réclame la maladie, car, outre les bassins en pleine mer, dont chacun n'a pas moins de 20,000 mètres de surface et qui sont, comme nous venons de le dire, garantis des coups de vent et des coups de mer, deux vastes piscines à eau courante et couvertes empêcheront, l'une pour les hommes, l'autre pour les dames, d'interrompre le traitement pendant les mauvaises journées en été, et pendant la mauvaise saison et les froids de l'hiver.

Les propriétaires de l'établissement n'ont rien négligé pour que les malades trouvent en tout temps un soulagement à leurs maux, et puissent commencer leur traitement et achever leur guérison à n'importe quelle époque de l'année.

Nous avons parlé plus haut de la beauté du ciel de Marseille et de la bonté de son climat. Bien que l'un et l'autre soient incontestables et que de temps immémorial les historiens en aient fait mention et les poètes l'aient chanté, nous ne croyons pas inutile de rapporter ce qu'en dit M. Adolphe Joanne dans son guide des Bouches-du-Rhône.

« Le climat méditerranéen est le plus beau de France et même l'un des plus agréables que l'on connaisse. Quoiqu'il règne sous une latitude où d'autres pays d'Europe, d'Asie, d'Amérique souffrent de terribles hivers, la zône des côtes qui lui appartient est si bien protégée contre le nord, si bien ouverte aux vents du sud que les frimats y sont à peu près inconnus. . . . .

» Ce qui distingue le plus le climat méditerranéen des autres climats de France, c'est la beauté constante de son ciel, la sécheresse de l'atmosphère, la rareté des jours de pluie et l'élévation de la moyenne annuelle. »

Que peut-on ajouter après ces paroles d'un auteur aussi compétent en pareille matière, sinon que Marseille a toutes les qualités pour devenir une Ville d'eaux de premier ordre, et que pendant l'hiver aussi bien que pendant l'été, elle peut offrir, aux malades, aux valétudinaires, aux convalescents, les moyens de reconquérir leur santé perdue ou chancelante.

Le Canal de la Durance qui a fait de Marseille la ville la plus désaltérée, après Rome et Paris, a été l'occasion de plusieurs œuvres d'art merveilleuses, comme le pont de Roquefavour, splendides comme le Château-d'Eau et le Palais des Arts à l'extrémité de Longchamp.

Enfin, nous n'exagérons rien en disant que les monuments si rares autrefois dans cette ville, toute commerciale, y sont aujourd'hui aussi nombreux que dans n'importe quelle cité renommée pour ses goûts artistiques.

CHAPITRE IV

Peu d'eaux minérales peuvent, comme celles du Roucas-Blanc, être employées dans un aussi grand nombre de cas de maladies, et pourtant nous sommes loin d'avoir tracé le tableau complet des affections qui trouvent un soulagement dans l'usage rationnel de cette eau. Limité par la nature de la brochure que nous publions, nous nous bornerons à passer rapidement en revue, les quelques affections dans lesquelles l'efficacité de cette eau est incontestable, laissant ensuite aux médecins le soin d'élargir le cadre de leurs expériences.

1. — ANÉMIE

L'anémie que tant de causes font naître, l'état de faiblesse générale, qui en est la conséquence obligée ; la tristesse, l'ennui, les envies de pleurer, les dispositions aux crises nerveuses et les crises nerveuses elles-mêmes ; *l'hystérie* qui en est souvent la conséquence ainsi que la *chlorose* et l'*aménorrhée* trouvent dans l'eau du Roucas-Blanc un remède énergique.

2. — AFFECTIONS DE LA PEAU A L'ÉTAT CHRONIQUE

Toutes les affections cutanées en général reconnaissent pour cause un vice du sang, il est donc rationnel de penser que l'eau du Roucas-Blanc prise à dose purgative agit comme dépuratif du sang, en même temps que le traitement dans la piscine ou dans les bains, agit comme modificateur des fonctions de la peau.

3. — CONSTIPATION HABITUELLE

Cette maladie spéciale aux femmes, ou aux employés et aux hommes qui, par leur habitude ou leurs occupations, demeurent longtemps assis ; aux personnes qui vont souvent en voiture, ou montent fréquemment à cheval, etc., trouve un soulagement complet par l'usage d'un verre d'eau du Roucas-Blanc, pris tous les matins à jeun.

4. — CALCULS HÉPATIQUES. — COLIQUES HÉPATIQUES. — HÉPATITE

La constipation opiniâtre peut conduire à des engor-

gements des viscères du bas ventre, et par conséquent du foie; les peines morales, les grands chagrins,
les violentes douleurs donnent aussi fréquemment
naissance à des maladies du foie. Tout le monde connaît les effets de cette déplorable affection. La couleur
bistrée et jaunâtre de la peau, la difficulté des diges-
tions; la profonde mélancolie ; les douleurs quelquefois intolérables, dans toute la région abdominale,
mais principalement sur la partie latérale droite ;
les hémorroïdes qui donnent lieu parfois à des
hémorrhagies inquiétantes et toujours avec souffrances, etc.

L'eau du Roucas-Blanc prise à la dose habituelle
de deux verres par jour, remédiera au plus grand
nombre des effets douloureux que nous venons de
signaler ; employée ensuite hydrothérapiquement
elle complète les heureux effets commencés par la
boisson.

5. — HÉMORROÏDES

Les hémorroïdes peuvent n'être qu'un des symptômes de la maladie du foie, que l'on a qualifié du nom de
hépatite chronique et nous venons de voir dans le paragraphe précédent comment il convient de les soigner.
Si elles sont dues à une constipation opiniâtre, il faut
les traiter comme nous l'avons indiqué au paragraphe
3 du présent chapitre, c'est-à-dire, en entretenant la
liberté du ventre par un verre d'eau du Roucas-Blanc
pris tous les matins à jeun.

2

6. — HYSTÉRIE

L'*hystérie* se manifeste par accès , dont le caractère principal consiste dans le sentiment d'une boule qui semble partir de la matrice , remonter vers l'estomac avec une chaleur plus ou moins vive , ou un froid glacial, et se porter ensuite à la poitrine et au cou , où elle produit un espèce d'étouffement et de strangulation. Si l'accès est fort , ces phénomènes sont suivis de pertes de connaissance , de mouvements convulsifs souvent très-violents ; enfin la respiration, la circulation et les autres fonctions organiques peuvent être suspendues. Souvent les malades se plaignent de violentes douleurs à la tête. On désigne aussi cette maladie sous le nom de *vapeurs*, *de maux de nerfs*, *d'attaques de nerfs*.

L'eau du Roucas–Blanc employée en boissons et en douches générales et locales produira des effets remarquables, si l'on se soumet en même temps à une hygiène convenable.

7. — ICTÈRE

L'ictère ou jaunisse peut être causée par une affection chronique du foie, tout aussi bien que par une altération accidentelle de cet organe.

Dans l'un comme dans l'autre cas, l'eau du Roucas–Blanc prise en boisson, à une dose légèrement purgative et continuée pendant quelques jours produit des effets remarquables et abrège la durée d'une maladie beaucoup plus désagréable que douloureuse.

8. — HYDROPISIES

On donne le nom d'*hydropisie* à tout épanchement de sérosité dans une cavité quelconque du corps ou dans le tissu cellulaire. Il y a des *hydropisies actives* et des *hydropisies passives*. Les *hydropisies actives* sont celles qui sont dues à un accroissement de l'action secrétoire, et portent un flux anormal de sang dans les capillaires artériels de la partie qui est le siége de la maladie. Les *hydropisies passives* sont celles qui sont le résultat d'un obstacle au cours du sang ou à l'absorption de la sérosité produite.

Les hydropisies, quelles qu'elles soient, sont le plus souvent symptomatiques d'une lésion primitive, c'est donc vers l'organe principalement affecté que l'attention du médecin doit naturellement se porter et le traitement dirigé. Mais en dehors, ou simultanément avec les remèdes rationnels qui devront combattre la cause de l'hydropisie, l'eau du Roucas—Blanc prise à dose purgative, et un traitement rationnel externe, produiront des effets remarquables et des guérisons inattendues.

9. — RHUMATISMES. — GOUTTE

Les phénomènes de ces affections et les symptômes qui les caractérisent sont trop connus pour que nous en fassions ici une description même succincte. Nous nous bornerons donc à dire qu'un traitement hydro—

sudo-thérapeutique par l'eau du Roucas-Blanc et l'usage quotidien de cette eau en boisson, constituent un remède souverain pour les combattre.

10. — OSTÉITE. — OSTÉOMALACIE. — SCROFULE

Le *ramollissement* des os et toutes les maladies qui en sont les conséquences, les *engorgements des glandes lymphatiques*, les *indurations scrofuleuses de la peau*, trouvent dans l'usage des bains du Roucas-Blanc, des douches, des immersions dans la piscine, un soulagement d'autant plus considérable que l'air de la mer et les bains de mer eux-mêmes viennent concourir au traitement de ces diverses maladies.

Il serait trop long d'énumérer tous les cas dans lesquels l'eau du Roucas-Blanc est efficacement employée, qu'il nous soit seulement permis de dire, que tous les appareils susceptibles de faire arriver cette eau sur les organes affectés de maladies dans lesquelles les agents qu'elle contient pourront être de quelque utilité, existent dans l'établissement, et que les personnes atteintes de *tubercules scrofuleux* trouveront un grand soulagement, sinon la guérison de leurs maux, dans les salles de respiration et d'inhalation qui y sont installées. Combien de *phthisies* commençantes qui auraient été arrêtées dès le début, si elles avaient eu à leur disposition ce moyen curatif.

M. le Docteur Eugène Fabre, chargé du service médical de l'établissement, mérite toute la confiance des malades. C'est un spécialiste qui a fait ses preuves et qui est très-honorablement connu dans le monde de la science et de la médecine.

Il ne faut pas perdre de vue, que si les maladies peuvent être guéries par l'emploi des eaux minérales, elles peuvent être aggravées, si elles sont prises d'une manière inopportune. L'heure, la durée, l'application de la douche ou du bain, ne sont pas choses indifférentes ; l'opportunité de tel ou tel traitement, les effets physiologiques des eaux dans les diverses maladies, les phénomènes qui s'observent pendant une cure, ceux qui se présentent après, tout a besoin d'être attentivement observé par le médecin praticien qui se soucie de la santé des malades, qui, à leur tour, ne doivent pas se fier aux conseils d'autres malades pour lesquels le traitement peut différer.

Les eaux en général, dit Adolphe Joanne, sont un des moyens médicaux les plus actifs et les plus délicats dans leur emploi ; la moindre erreur dans le traitement, le moindre écart dans le régime peuvent en compromettre le succès. La nécessité de consulter un médecin pratique et expérimenté est absolue, quand on est vraiment malade et que l'on a le désir de se guérir. Quant aux gens bien portants, qui viennent pour se distraire et s'amuser, et qui prennent les eaux sans motifs et sans raisons, en se disant : *si elles ne me font pas de bien, elles ne me feront pas de mal*, nous terminons en leur répétant les paroles si sensées de

MM. A. Joanne et Le Pileur: « Visitez, si bon vous semble, les eaux où l'on s'amuse, rendez aux malades le service de leur en égayer le séjour, mais gardez-vous de croire que les eaux minérales puissent être prises impunément par vous; laissez en l'usage aux infortunés à qui elles sont nécessaires et qui vous envient le bonheur de n'en avoir pas besoin. »

APPENDICE

RAPPORT

DE MM. LES DOCTEURS CAUVIÈRE & REYMONET

SUR LES PROPRIÉTÉS MÉDICINALES

de l'eau de la Source Thermale du ROUCAS-BLANC

L'analyse chimique de l'eau minérale saline qui sort du pied
de la roche appelée Roucas-Blanc, faite par M. Meynier, chi-
miste, et soumise par M. le Maire de Marseille à l'appréciation
des soussignés, docteurs en médecine, pour en déterminer les
propriétés médicinales, leur a fourni les données suivantes :

1° La température (22 degrés centigrades) la rend propre à
l'usage des bains généraux pendant la plus grande partie de
l'année, son analogie avec l'eau de mer, dont on connaît les
nombreuses applications thérapeutiques., permettra d'en étendre l'usage pendant un temps plus long, et à des époques où
l'eau de mer est à une température trop basse pour bien des
constitutions. Sous ce rapport, l'exploitation de la source du
Roucas-Blanc est appelée à rendre bien des services ;

2° Par sa composition chimique, elle sera, comme l'eau de
mer, d'un secours puissant dans les nombreuses maladies qui
réclament l'emploi de cette dernière. Ainsi, les affections scrofuleuses si fréquentes et qui subissent des transformations si
variées, trouveront dans l'application bien dirigée de cette eau
thermale un auxiliaire d'une grande valeur pour leur guérison;

3° Les maladies qui affectent les organes de la génération chez les femmes, affections quelquefois rebelles aux médications les mieux entendues, sont souvent modifiées d'une manière heureuse par l'eau de mer. L'eau saline thermale du Roucas-Blanc trouve naturellement sa place dans leur traitement pendant les jours de temps froid et pluvieux ;

4° Les désordres nerveux qui sont la suite de l'ébranlement que subissent certaines constitutions à divers âges ; les maladies spasmodiques des enfants et des jeunes filles à l'approche de la puberté, quelques maladies cutanées qui ont pour origine le vice scrofuleux, trouveront aussi dans les différents modes d'application de cette eau un remède efficace ;

5° A l'intérieur, cette eau est probablement destinée à rendre des services qu'il n'est permis que de préjuger. Toutefois, il paraîtrait, d'après une opinion assez accréditée dans la population de cette localité, qu'elle jouit de propriétés purgatives énergiques. Son analogie de composition avec les eaux salines de Sedlitz et de Püllna pourrait en faire un succédané d'autant plus avantageux qu'il serait mieux à la portée des classes pauvres et qui, par cela même, deviendrait un objet d'économie pour la plupart des établissements publics destinés aux malades;

6° Le temps et l'expérimentation feront sans doute découvrir dans cette eau thermale saline d'autres propriétés, mais c'est à l'observation seule à déterminer les cas auxquels il conviendra d'en étendre l'usage et de préciser les formes variées de son application.

Les médecins soussignés déclarent que l'exploitation de cette source offre un moyen de plus à l'art de guérir et que, sous ce rapport, elle est d'utilité publique.

Signés : CAUVIÈRE, d. m.

REYMONET, d. m.

RAPPORT

De Monsieur RAMBAUD

MÉDECIN DE L'ADMINISTRATION DES DOUANES ET DES DISPENSAIRES

à Monsieur le Maire de la Ville de Marseille

———

MONSIEUR LE MAIRE ,

J'ai l'honneur de vous accuser réception de votre lettre du 9 courant par laquelle vous me demandez mon opinion sur les propriétés médicinales de l'eau de la « Source Thermale du Roucas-Blanc », et je m'empresse de vous donner le résultat de mes observations à ce sujet.

Dès le commencement de l'année 1836, époque à laquelle je me suis fixé dans le quartier de St-Giniez , j'eus connaissance de l'existence de cette source thermale. La saveur salée de son eau, moins désagréable que celle de l'eau de mer, sa limpidité, sa chaleur constante de 22 degrés centigrades, invariable même pendant les froids les plus rigoureux, fixèrent mon attention et me donnèrent à penser que j'aurais peut-être à ma disposition un moyen thérapeutique et économique pour mes clients de la campagne.

A cet effet, je l'expérimentai à l'intérieur à la dose de deux ou trois verres chez plusieurs de mes malades, et l'observation me démontra que j'avais dans cette eau minérale un purgatif suffisamment précieux ; je voulus même, pour en déterminer les qualités purgatives, l'employer comparativement avec l'eau de mer et l'eau de Sedlitz, et je peux dire qu'à la même dose, l'eau du Roucas-Blanc produit une purgation plus sûre et plus prononcée que ces deux eaux minérales.

Aussi cette cause m'a-t-elle engagé à lui accorder la préférence depuis une quinzaine d'année, toutes les fois que je veux produire une médication purgative douce et exempte de fatigue pour les malades.

A l'extérieur, lorsque j'ai eu l'occasion dans ma pratique de faire usage de l'eau du Roucas-Blanc, j'ai pu constater son efficacité constante contre les maladies du système lymphatique.

J'ai aussi obtenu de bons effets de son application en bains contre les affections scrofuleuses et surtout dartreuses et en lotions contre les maladies diverses du cuir chevelu et toutes sortes de teignes.

Je dois même ajouter que j'en ai fait usage avec plein succès en l'administrant dans un cas assez grave de rhumatisme articulaire universel.

Telles sont, Monsieur le Maire, les observations que j'ai pu faire sur les propriétés médicinales de l'eau de la source du Roucas-Blanc. — Elles m'avaient depuis longtemps suggéré l'idée qu'un établissement thermal sur ce rivage, situé près d'une ville aussi populeuse que Marseille, pourrait rendre de grands services à l'art de guérir en facilitant l'administration de cette eau thermale sous toutes les formes et pendant toutes les saisons, et en offrant, par là, des moyens de médication très-actifs et capables de triompher de certains états morbides dont la chronicité se montre rebelle à l'action des moyens ordinaires.

Ces raisons, Monsieur le Maire, me paraissent assez puis-

santes en faveur de l'exploitation de cette source thermale et
militent aussi puissamment en faveur de son utilité publique.

J'ai l'honneur d'être, Monsieur le Maire, avec la considération
la plus distinguée,

Votre très-humble et dévoué serviteur,

Signé : Rambaud ,
Médecin de l'Administration des Douanes et des Dispensaires.

ACADÉMIE NATIONALE DE MÉDECINE

RAPPORT

FAIT A LA DEMANDE

DE M. LE MINISTRE DE L'INTÉRIEUR, DE L'AGRICULTURE ET DU COMMERCE

PAR LA COMMISSION PERMANENTE DES EAUX MINÉRALES

Sur l'Analyse de l'eau Iodo-Bromurée du ROUCAS-BLANC
à Marseille (B.-du-Rh.)

M. OSSIAN, Henry, Rapporteur.

MESSIEURS ,

A l'extrémité d'une belle promenade qui porte à Marseille le nom de Prado, on trouve une source minérale salée des plus abondantes, qui fut découverte il y a deux ans environ. Cette source sensiblement thermale, puisqu'elle marque 22 degrés centigrades, sort d'une roche calcaire blanche, située à une grande élévation au-dessus du niveau de la mer qui en est proche, et dans le patois du pays elle porte le nom de (Roucas-Blanc) rocher blanc, ce qui a fait appeler de ce nom la source minérale, *Source du Roucas*.

L'analyse faite à Marseille y a fait reconnaître la présence d'une grande quantité de chlorure de sodium accompagnée des principaux sels qu'on rencontre dans les sources salées, de plus, les applications médicales qui ont été tentées avec cette eau, ont paru fournir d'excellents résultats, ainsi que les certificats de plusieurs médecins de Marseille, joints à la lettre ministérielle, en font foi.

Ces motifs ont suggéré à Monsieur Calvo, propriétaire de la source qui nous occupe, l'intention d'y élever un établissement thermal important, et les autorités locales ont puissamment encouragé ce projet; mais avant de le mettre à exécution, comme il serait indispensable d'obtenir du Gouvernement l'autorisation d'exploiter la source sous le point de vue médical, une demande a été adressée à Monsieur le Ministre de l'intérieur.

C'est par suite de cette circonstance qu'il a, par sa lettre en date du 24 janvier 1852, demandé à l'Académie nationale de Médecine son avis sur l'opportunité de la question, après que l'analyse chimique aurait été répétée dans son laboratoire.

Cette analyse a été, en conséquence, exécutée sur des échantillons expédiés en bonne forme, et elle nous a fourni presque exactement les mêmes résultats que ceux obtenus précédemment à Marseille.

Pour un poids de mille grammes nous avons eu, savoir :

Chlorure de sodium........................	20.530
» de potasse........................	0.600
» de magnesium...................	2.000
Brômure.. ⎰ .... ⎱	0.025
Iodure.... ⎱ alcalins probables (1) ⎰ sensible,	0.005
A Reporter.....	23.160

(1) Pour apprécier l'iode et le brôme, voici le procédé que j'ai suivi : J'ai pris 4 kilogrammes d'eau du *Roucas*, j'y ai mêlé 20 à 25 grammes de potasse très-pure, puis j'ai fait concentrer jusqu'à réduction à 125 grammes. Après avoir filtré, le liquide a été évaporé de nouveau jusqu'à sec et traité avec l'alcool rectifié bouillant. Le mentrue alcoolique filtré fut neutralisé par l'acide

		Report.....	23.160
Sulfates Anhydres.	de soude............. de potasse............ de magnésie............ de chaux.............		2.100
Bi-carbonates .	de chaux............. de magnésie—peu........		0.470
Silice............... Alumine............. Phosphate terreux ou alumineux—indices. Lithyne—?............ Fer— fort peu............ Matière organique —peu............			0.200
			25.930
Eau pure............			974.070
			1.000.000

L'eau du Roucas appartient aux eaux dites *salées-iodo-bro-murées* dont on connaît un grand nombre de sources exploitées, non-seulement pour en extraire le chlorure de sodium, mais aujourd'hui comme agents thérapeutiques, surtout pour celles de la *saline de salins*.

Par sa composition chimique, la source qui fait l'objet de ce rapport ne le cède en rien à d'autres du même genre; elle est d'un produit considérable et pourra répondre aux exigences d'un établissement thermal très-utile un jour pour la ville de Marseille.

---

acétique pur concentré; repris par une petite proportion d'eau pure et mêlé dans un flacon, d'une part, de solution récente d'amidon, d'autre part, d'éther sulfurique. Après quelques bulles ménagées de chlore, le liquide aqueux analysé a pris une *teinte violacée* très-manifeste et l'éther a jauni; mais, en ajoutant plus de chlore, la couleur violacée a disparu et bientôt l'éther agité est devenu orangé; cet éther décanté avec soin a fourni le brôme aisément par les modes déjà publiés.

Nous pensons, en conséquence, Messieurs, qu'il est utile d'aider les projets de M. Calvo, leur propriétaire, projets déjà compris par les autorités locales du pays, et nous vous proposons de répondre à Monsieur le Ministre qu'il y a lieu, sans difficulté, d'accorder l'autorisation demandée.

Signé: OSSIAN, Henry.

La *Société* DÉSIRÉ MICHEL FILS ET Cⁱᵉ *est aujourd'hui pro-priétaire des Sources Thermales du* Roucas-Blanc, *et bien que le rapport de MM. les docteurs* Cauvière *et* Reymonet *ne laisse rien à désirer sur la constatation de l'efficacité de ces eaux, comme, d'une part, ce rapport remonte déjà à une date assez ancienne, et que, d'autre part, l'importance des Sources Thermales du* Roucas-Blanc *a été décuplée par de nouveaux captages, la Société* MICHEL *a voulu les soumettre de nouveau à l'examen des Sommités médicales actuelles Marseillaises, et elle s'est adressée à MM. les docteurs* Girard, Roberty *et* d'Astros *qui s'étant adjoints M.* Rousset, *professeur à l'Ecole de Médecine, lui ont adressé le rapport suivant.*

RAPPORT

DE

MM. LES DOCTEURS GIRARD, ROBERTY, D'ASTROS ET ROUSSET

Monsieur Désiré Michel,

Vous nous avez prié d'examiner l'eau minérale de la source dite du Roucas-Blanc, dont vous êtes le propriétaire, de vous en indiquer la nature et la composition et de vous donner notre avis sur l'emploi qu'elle pourrait avoir dans le traitement des maladies.

Voici le résumé de nos études et de notre opinion sur tous ces points.

La source du Roucas-Blanc sort d'une fissure de la roche calcaire qui forme le rivage de la plage du Prado, au commencement du chemin de la Corniche.

Son point d'émergence est à quelques mètres du bord même de la mer, à un mètre au-dessus du niveau de ses plus hautes eaux.

Son débit est de 3,000 litres par minute.

Sa température constante est entre 20°, 5 et 21°, 5 centigrades. Sa densité est de 1.0158 à 15° c.

Sa limpididité est parfaite, des bulles gazeuses éclatent à sa surface ou tapissent les parois du bassin qui la reçoit.

Son goût est beaucoup moins amer, mais un peu plus salé que celui des eaux allemandes, telles que Püllna, Kreusnack, Kissingen, etc. ; aussi est-elle bue avec moins de répugnance que celles-ci, et on s'y habitue d'autant plus facilement que sa salure diffère complètement de celle si peu supportable de l'eau de mer.

Bien que l'analyse de cette eau ait été faite par MM. Ossian (Henry) et Meynier (1), un de nous, M le Professeur Rousset,

---

(1) Pour un poids de 1,000 grammes nous avons eu, savoir :

Chlorure de sodium		20.530
» de potasse		0.600
» de magnesium		2.000
Brômure ...	⎰ .... ⎱	0.025
	⎱ alcalins probables .... ⎰	
Iodure	⎰ .... ⎱	0.005
Sulfates Anhydres...	⎰ de soude .... ⎱ de potasse .... de magnésie .... de chaux	2.100
Bi-carbonates	⎰ de chaux........... de magnésie — peu........	0.470
Silice........... Alumine........... Phosphate terreux ou alumineux — indices........ Lithyne — ? .... Fer — fort peu .... Matière organique — peu........		0.200

	25.930
Eau pure........	974.070
	1.000.000

les a analysées avec le plus grand soin ; voici le résultat de
son travail :

Un litre de cette eau renferme :

	Gr.
Chlorure de sodium......................	18.0974
Chlorure de magnesium....................	2.6142
Chlorure de potassium........	0.5140
Bi-carbonate de chaux....	0.1073
Bi-carbonate de magnésie....................	0.0954
Bi-carbonate de fer....	0.0090
Sulfate de soude	1.6766
Sulfate de chaux.........................	0.8162
Phosphate de soude.......................	0.0100
Alumine	0.0050
Iodure alcalin...........................	traces.
Brômure alcalin...........................	»
Matière organique........................	»
TOTAL des sels dissous........	23.9451

La température oscille de 20° 5 à 21° 5.

Il ne nous appartient pas de dire la conscience et l'habileté
qui ont présidé à cette analyse. La différence du résultat vient,
nous ne craignons pas de le dire, des procédés plus précis
employés aujourd'hui dans ce genre de recherches. Ces analy-
ses, du reste, diffèrent assez peu au fond pour n'être pas une
preuve du peu de variabilité de composition de cette eau
minérale.

Il résulte de ces faits que l'eau du Roucas-Blanc doit être
classée par la nature et la richesse de sa minéralisation au
premier rang des eaux chlorurées, sodiques et magnésiennes
fortes et mezzo-thermales.

Les eaux chlorurées salines fortes ayant cette composition
sont très-rares en France. Celles qui sont employées sous ce

titre, n'approchent pas de la richesse de minéralisation des eaux similaires de l'Allemagne. Encore faut-il quand on veut juger les unes et les autres, se souvenir qu'il est convenu d'appeler fortes, toutes celles qui contiennent plus de 4 grammes de sels par litre.

Balaruc, une des plus fortes, renferme 9 grammes environ par litre; Temp. +45°. Bourbonne, 7 grammes T. 53°. Niederbrown, qui ne nous appartient plus, 4 grammes. — L'eau du Roucas-Blanc a 23 grammes à T. + 21°.

La plus minéralisée des eaux chlorurées salines d'Allemagne, Hombourg (athermale), a 19 grammes avec des sels identiques et dont les proportions diffèrent peu de celles du Roucas-Blanc (1).

Toutes les sources chlorurées sodiques et magnésiennes ont la même origine.

---

(1) **Source de HOMBOURG** (empereur) chloro-sodée,
ANALYSÉE PAR LIÉBIG,

Chlorure de sodium.....	15.2339
» de calcium.............................	1.7348
» de magnesium.........................	1.0239
» de potassium...........................	0.0389
Carbonate de chaux	4.4459
» de magnésie.............................	»
» de fer.........	0.1049
Sulfate de soude.................................	»
» de chaux............................ ...	0.0249
Silice...	0.0439
Chlorure de lithium...	traces.
Iodure de sodium...	»
Brômure de sodium.............................	»
TOTAL des principes fixes........	19.6511
Acide carbonique libre..........	3.3147
TOTAL de tous les principes...........	22.9658

Des cours d'eau de profondeur variable — leur thermalité en étant l'indice — traversent dans un point de leur parcours des dépôts salins, dissolvent une certaine quantité de sels et émergent à la surface du sol.

Si la plupart des sources chlorurées salines se rencontrent dans l'intérieur des terres; quelques-unes, comme celle du Roucas-Blanc, sont voisines de la mer. Pour n'en citer qu'une, Balaruc coule à 200 mètres de l'étang salé de Thau sur le bord de la mer.

A Balaruc comme au Roucas-Blanc, l'énorme volume de la colonne ascendante d'eau et la rapidité de son débit, c'est-à-dire la pression qu'elle exerce sur les parois du conduit qui la contient peuvent bien donner lieu à quelques pertes de l'eau minérale ; mais ces mêmes causes empêchent complètement le moindre mélange avec des eaux voisines dont la pression est nulle ou presque nulle.

D'autres raisons encore que la composition et l'origine établissent une grande différence entre les eaux chlorurées sodiques et magnésiennes et l'eau de mer.

Tandis que celle-ci n'a jamais pu être tolérée par l'estomac, même après l'avoir saturée d'acide carbonique, les eaux chlorurées, sodiques et magnésiennes sont parfaitement acceptées par cet organe, soit qu'on les administre à dose élevée comme purgatives ou à dose moindre, mais répétée comme altérantes.

La tolérance de l'estomac est un réactif physiologique plus sensible que ceux du laboratoire. Il indique la nature intime des composés minéraux dont l'analyse chimique ne peut préciser que les éléments. Il apprend seul si les eaux qui les contiennent peuvent être administrées à l'intérieur.

Non-seulement l'eau du Roucas-Blanc est acceptée sans répugnance par le goût, mais elle ne fatigue pas l'estomac et purge aisément à la dose de deux ou trois verres.

Nous n'avons point eu le temps suffisant pour juger par des épreuves cliniques répétées de l'efficacité de l'eau du Roucas-Blanc administrée à l'intérieur dans les affections, contre lesquelles les eaux chlorurées, sodo-magnésiennes sont si utiles, mais leur parfaite tolérance nous laisse peu de doutes à cet égard.

Du reste, son histoire légendaire — elle en a une comme toutes les eaux minérales utiles — nous apprend que de temps immémorial, les populations voisines l'employaient avec d'heureux résultats, soit comme purgative, soit contre les affections strumeuses, scrofuleuses et les engorgements viscéraux.

Nous croyons donc pouvoir vous dire que l'eau que nous avons examinée pourra tout au moins, avec l'avantage de doses plus faibles, puisqu'elle est bien plus minéralisée, remplacer dans les mêmes usages, les eaux chlorurées, sodo-magnésiennes fortes de France et d'Allemagne.

externes. Nous pensons que l'administration externe des eaux de votre source pourra, à cause de la situation particulière dans laquelle elle est placée, présenter les plus grands et les plus singuliers avantages.

Les bains de mer que vous avez établis sur la même plage, les eaux du canal qui y arrivent, les eaux mères des marais salants voisins que vous vous proposez d'y apporter formeront avec elles un ensemble de moyens thérapeutiques se prêtant un mutuel secours et utiles dans le traitement des mêmes maladies.

Pendant l'été, votre eau minérale devra être reçue, soit dans des bains isolés, soit, mieux encore, dans de larges piscines où l'abondance de la source vous permettant de l'y laisser courante, sa température se maintiendra aux environs de 18 à 20°. C'est le degré de chaleur des bains frais si utiles comme toniques, si favorables à l'absorption des sels dissous.

En même temps, les bains de mer, les bains additionnés d'eau mère, pourront être prescrits par les médecins, soit concurremment, soit alternativement, selon les médications.

L'eau de mer pourra, comme l'eau de la source, être chauffée et administrée dans des bains isolés.

Au moyen de l'installation complète des appareils hydrothérapiques, les mêmes espèces d'eau, à toutes les températures, y seront administrées en douches, sous les formes les plus variées.

Ainsi, pendant l'été, les malades y trouveront les bains et des douches aussi divers par la nature de l'eau que par la température et le mode d'administration.

Mais c'est surtout pendant l'hiver que votre établissement, étant bien construit et bien aménagé, pourra fournir les plus utiles ressources.

En effet, les malades qui trouvent un remède efficace dans l'usage des eaux chlorurées salines et dans celles de mer, ont un besoin au moins égal d'une température chaude, d'un climat sec et d'une lumière abondante.

Aussi l'hiver augmente toujours leurs souffrances en même temps qu'il les éloigne des eaux minérales et des bords froids et humides de l'Océan.

Par contre, sur la plage où coulent vos eaux, dans un climat chaud, sous un ciel toujours lumineux, les malades trouveront un établissement où ils pourront, justement dans la saison la plus défavorable à leurs maux, continuer leur traitement et dans les meilleures conditions; car l'air marin, la chaleur et la lumière seront de puissants auxiliaires de l'action des eaux.

Pour ne rien perdre de ces avantages naturels, il faut des salles d'hiver spacieuses, élevées, largement éclairées et des galeries extérieures parfaitement abritées du vent.

Les malades pourront alors, après avoir pris leurs bains et

leurs douches, séjourner dans l'établissement ; ils y seront soumis à l'inhalation de l'eau de la source et de celle de mer vaporisées ou pulvérisées.

Ce mode d'administration des eaux donnera, nous en sommes convaincus, surtout contre les maladies de poitrine, d'excellents résultats.

Dans les journées d'hiver, si souvent belles en Provence, les galeries extérieures permettront aux malades d'y respirer l'air marin et de recevoir l'action directe de la chaleur et de la lumière.

Les conditions que nous vous avons indiquées sommairement devant se trouver réunies dans votre établissement, nous ne craignons pas de dire que, seul en Europe, il offrira, pendant l'hiver, les plus précieuses ressources pour le traitement des affections dont le lymphatisme, la scrofule et la tuberculose sont ou la cause, ou la plus grave complication.

Marseille, le 1er Février 1874.

GIRARD, d. m.
ROBERTY, d. m.
D'ASTROS, d. m.
ROUSSET, d. m.

PRÉFECTURE DES BOUCHES-DU-RHONE

ARRÈTÉ

Le Ministre de l'Intérieur, de l'Agriculture et du Commerce;

Vu l'ordonnance du 18 juin 1823 sur le service des Eaux minérales ;

Vu les lettres du Préfet des Bouches-du-Rhône en date des 12 juin et 20 décembre 1851 ;

Vu le rapport adopté par l'Académie Nationale de Médecine, dans sa séance du 31 août 1852 ;

Arrète :

ARTICLE PREMIER.

Le Sr Calvo est autorisé à livrer au public la source d'eau minérale qu'il possède à Marseille, et qui est connue sous le nom de *Source du Roucas-Blanc*, à la charge de se conformer aux règlements sur le service des eaux minérales, notamment à l'obligation de se soumettre à l'inspection médicale et au paiement du traitement de l'inspecteur s'il y a lieu.

ARTICLE 2.

Le Préfet des Bouches-du-Rhône est chargé du présent arrêté.

Paris, le 14 Septembre 1852.

Signé: F. de PERSIGNY.

Pour ampliation :
Le Secrétaire-Général.

Pour copie conforme
Le Conseiller de Préfecture, délégué
Signé : DELACROIX.

TABLEAU COMPARATIF

DE LA COMPOSITION DES PRINCIPALES EAUX CHLORURÉES SODIQUES MAGNÉSIENNES DE FRANCE ET D'ALLEMAGNE avec les eaux du ROUCAS-BLANC.

ROUCAS-BLANC	KISSINGEN-RAKOCKI	KREUSNACH	WIESBADEN	NIEDERBROWN	BOURBONNE	BALARUC
Chlorure de sodium.. 18.0974	Chlorure de sodium 5.2715	Chlorure de sodium 9.5201	Chlorure de sodium 6.8336	Chlorure de sodium 3.0885	Chlorure de sodium. 5.783	Chlorure de sodium. 6.802
Chlorure de magnésium 2.6142	Chlorure de magnésium 0.5777	Chlorure de magnésium 0.0228	Chlorure de magnésium 0.2039	Chlorure de magnésium 0.3111	Chlorure de magnésium 0.393	Chlorure de magnésium 1.074
Chlorure de calcium. »	Chlorure de calcium »	Chlorure de calcium 1.7333	Chlorure de calcium 0.4709	Chlorure de calcium 0.0794		
Chlorure de potassium 0.5140	Chlorure de potassium 0.5094	Chlorure de potassium 0.1268	Chlorure de potassium 0.1458	Chlorure de potassium 0.1819	Sulfate de potasse 0.149	Sulfate de potasse. 0.033
Chlorure de lithium »	Chlorure de lithium 0.0207	Chlorure de lithium 0.0097	Chlorure de lithium 0.0018	Chlorure de lithium 0.0048		
Bi-carbonate de chaux 0.1073	Carbonate de chaux 1.3926	Carbonate de strontiane 0.0892	Carbonate de strontiane traces	Carbonate de chaux 0.1791	Carbonate de chaux. 0.108	Carbonate de chaux. 0.270
Bi-carbonate de magnésie 0.0954	Carbonate de magnésie 0.0340	Carbonate de baryte 0.0385	Carbonate de baryte traces	Carbonate de magnésie 0.0065		Carbonate de magnésie 0.080
Bi-carbonate de fer 0.0090	Carbonate de fer 0.0589	Carbonate de fer 0.0260	Carbonate de fer traces	Carbonate de fer 0.0103		
Sulfate de soude 1.6766	Azotate de soude 0.0033	Carbonate de magnésie 0.1768	Carbonate de chaux 0.4180			
Sulfate de chaux 0.8162	Sulfate de soude 0.5766	Carbonate de magnésie 0.0012	Sulfate de chaux 0.0902		Sulfate de chaux. 0.899	Sulfate de chaux. 0.803
Phosphate de soude 0.0100	Sulfate de magnésie 0.8968	Alumine 0.0028	Silicate d'alumine 0.0003	Alumine traces	Alumine 0.130	Alumine. »
Alumine 0.0050	Phosphate de chaux 0.0562	Iodure de sodium 0.0004	Bromure de magnésie 0.0025	Iodure traces		
Iodure alcalin »	Bromure de sodium 0.0029	Bromure de sodium 0.0401	Chlorure ammoniacal 0.1067	Bromure de sodium 0.0107	Bromure de sodium 0.065	Bromure de sodium 0.008
Bromure alcalin »						Bromure de magnésium 0.032
Matière organique »			Arsenic traces		Fer traces	
Silice »	Silice 0.0195	Silice 0.0409	Silice 0.0599	Silicate de fer 0.0150	Silicate de soude 0.120	Silicate de soude 0.012
23gr9451	9gr4497	11gr8279	8gr2436	3gr8368	7gr646	9gr059

Grammes par litre de liquide.

Pour tout ce qui regarde l'Administration générale de l'Établissement, s'adresser à M. Désiré MICHEL, boulevard de la Magdeleine, 34, gérant de la Compagnie des Eaux Thermales et Bains de mer du Roucas-Blanc.

Pour tout ce qui regarde le service intérieur, les renseignements sur les tarifs, le règlement, etc., s'adresser à M. Joseph BOUIS, directeur de l'exploitation, rue du Coq, 47, ou à l'Établissement.

Pour tout ce qui a rapport au service médical de l'Établissement, s'adresser à M. le Docteur Eugène FABRE, Allées des Capucines,

L'Établissement est ouvert toute l'année.

Pour tout ce qui regarde l'Administration générale de l'Établissement, s'adresser à M. DÉSIRÉ MICHEL, boulevard de la Magdeleine, 34, gérant de la Compagnie des Eaux Thermales et Bains de mer du Roucas-Blanc.

———

Pour tout ce qui regarde le service intérieur, les renseignements sur les tarifs, le règlement, etc., s'adresser à M. JOSEPH BOUIS, directeur de l'exploitation, rue du Coq, 47, ou à l'Établissement.

———

Pour tout ce qui a rapport au service médical de l'Établissement, s'adresser à M. le Docteur EUGÈNE FABRE, Allées des Capucines, 39.

———

L'Établissement est ouvert toute l'année.

———

www.ingramcontent.com/pod-product-compliance
Lightning Source LLC
Chambersburg PA
CBHW071332200326
41520CB00013B/2936